AF596596

LE LIÈVRE

L'ART DE LE TROUVER AU GITE

LE

LIÈVRE

L'ART DE LE TROUVER AU GITE

PAR

Jean NEMROD

Prix : 2 fr. 50

En vente chez DANEL

73, Boulevard de Strasbourg, Paris

Et chez les Armuriers et Libraires

AVANT-PROPOS

Encore un livre sur le lièvre!... s'écrieront certainement beaucoup de chasseurs, en lisant le titre de notre ouvrage.

Que peut vouloir nous dire ou nous apprendre de nouveau le présomptueux auteur? N'a-t-il pas paru assez de manuels de chasse, d'études particulières sur le lièvre, de traités de chasse à tir et à courre, sans vouloir encore ajouter un nouveau livre à la longue liste de ce genre d'études?

Eh bien! malgré tout, et le lecteur amateur nous comprendra, il reste encore beaucoup de choses à dire sur le lièvre, et des plus intéressantes.

Il faut avoir, comme nous, longtemps pratiqué ce genre de chasse pour se rendre compte que tout n'a pas été dit à son sujet par les excellents auteurs qui s'appellent le Coulteux de Canteleu, le Verrier de la Couterie et à une époque toute récente par de la Rue et le commandant Garnier, les maîtres du genre.

C'est que, comme l'ont écrit les deux premiers, sans être jamais démentis, « *La chasse du lièvre est, de beaucoup, la plus difficile; la plus fine de toutes les chasses, et en quelque sorte la clé de toutes les autres.* »

Pour notre part, nous sommes loin d'avoir la prétention de connaître à *fond* la chasse du lièvre, comme s'en vantent tous les chasseurs, qui, s'ils disaient vrai, seraient alors sans conteste, des veneurs accomplis.

Plus modeste, nous avouons que,

plus nous la pratiquons, et plus nous voyons que nous ne savons rien, et reprenant l'aphorisme du comte de Canteleu dans son « *Traité sur le lièvre* », n'hésitons-nous pas à dire comme lui : « *Plus un chasseur vieillit, plus il apprend.* »

Nous sollicitons donc l'indulgence de nos lecteurs, et en leur offrant le résumé de nos observations et de nos remarques depuis longues années, nous souhaitons seulement qu'elles profitent à quelques-uns de nos confrères de Saint-Hubert, heureux si la pierre que nous apportons aujourd'hui, peut un jour, servir à édifier le monument définitif, qui pourra être intitulé : *Traité complet de la chasse du lièvre.* »

C'est notre vœu le plus sincère. Puisse-t-il se réaliser !

LE LIÈVRE

L'ART DE LE TROUVER AU GITE

CHAPITRE PREMIER

TIR DU LIÈVRE

Personne mieux que M. Jules Petit, n'a donné des principes plus sûrs relativement au tir du gibier. Aussi conseillons nous vivement aux chasseurs de consulter son livre si attrayant à tant de titres.

Avant de nous occuper du lièvre en lui-même, il nous a paru bon de donner aux chasseurs quelques indications, dictées par l'expérience, au sujet du tir de l'animal, qui est des plus faciles.

En effet, le lièvre a la marche régulière et l'allure modérée. Il est donc bien facile au chasseur de l'ajuster tranquillement.

Si donc ce dernier manque souvent la pièce, à portée, il est certain que c'est parce qu'il tire derrière ou dessous, et que la faute provient, soit de l'arme, soit de la manière de s'en servir.

Dans ce cas, le chasseur doit examiner où porte la charge, chose facile à reconnaître surtout si l'on chasse dans les guérets.

Si le défaut provient du fusil, il faut y rémédier en rectifiant la crosse de l'arme, s'il provient au contraire du chasseur, celui-ci doit s'appliquer à redresser son tir.

Très souvent, d'ailleurs, on croit avoir manqué un lièvre, parce qu'il se dérobe.

Cela ne prouve rien.

Un lièvre, s'il est atteint en cul, porte parfaitement un coup de fusil, même s'il est grièvement blessé.

Aussi faut-il toujours laisser le chien partir à sa poursuite. On peut être certain que dès que le chien aura reconnu que le lièvre n'est pas blessé, il reviendra près de son maître. Seulement, il faut avoir soin d'habituer le chien à ne partir qu'après le coup de fusil.

Voici quelques principes relatifs au tir du lièvre :

En plaine, si vous levez un lièvre et qu'il file droit devant vous, mettez en joue derrière la pièce, puis, soulevant votre arme, ajustez devant.

A 20 mètres tirez dans les oreilles.

A 30 mètres, au-dessus, d'une tête.

A 50 mètres, au-dessus, d'une demi-longueur.

Si au lieu de filer devant vous, le lièvre vient au contraire sur vous, laissez le approcher, car, à distance, le plomb glisserait sur le poil, sans le pénétrer.

Quand la pièce est à bonne portée, si elle court vite tirez alors entre les pattes de devant. Votre charge portera en plein.

Lorsque le lièvre vous passe en travers, se présentant de flanc :

A 20 mètres, tirez au bout du nez.

A 30 mètres, avancez d'une demi-longueur.

De 45 à 60 mètres, avancez de trois quarts de longueur.

Dans ce dernier cas, si l'animal court, vous le tuez parfaitement, le plomb pénétrant facilement sa peau tendue.

Au-delà de 50 mètres, même avec le meilleur fusil, on ne doit pas tirer le lièvre en cul.

A cette distance, ce n'est que dans le

cas où le lièvre passe en travers, et que le chasseur a un fusil du calibre 12, qu'il peut risquer le coup.

Toutefois, à raison de la vitesse du gibier et de la distance du but à atteindre, il faut alors, non seulement, avancer le coup d'une longueur, mais encore tirer au-dessus, aussi d'une longueur, pour compenser la baisse du plomb.

Ce coup est difficile à réussir pour le chasseur qui tire, en fermant un œil.

Au contraire, les chasseurs qui tirent les deux yeux ouverts, le réussiront facilement, ayant la possibilité de suivre le lièvre, sans aucune gêne, et de tirer, tout en tenant le guidon convenablement élevé au-dessus de la pièce.

Le lièvre se tire avec du plomb n° 4. Cependant, en septembre, lorsqu'un lièvre déboule dans les jambes, et qu'on a son fusil chargé pour le perdreau, on le tue très bien avec du 7, à 25 ou 30 pas.

Mais, lorsque le lièvre a son poil d'hiver, et que, ne se laissant plus approcher, on ne peut le tirer qu'à distance, il faut du gros plomb pour l'arrêter.

On devra alors employer le 4 et même le 3, ou bien encore se servir des cartouches d'Avoust (grillagées). Au gîte, il faut tirer le lièvre très bas ou à la tête, et alors viser l'œil.

CHAPITRE II

DU LIÈVRE ET DE SA NATURE

Le lièvre est si connu qu'il est inutile de le décrire.

La fécondité de sa femelle, appelée *hase*, est très grande, contrairement à l'opinion de la plupart des chasseurs, et elle engendre presque toujours, trois ou quatre levrauts, rarement cinq, par portée.

Bien que les mois réguliers des amours soient décembre, janvier, février et mars, la gestation peut cependant avoir lieu en tout temps.

Cette gestation durant 31 jours, et le nombre des portées de 3 à 4 par an, il s'ensuit que la reproduction d'un couple atteint, au moins annuellement, le chiffre de 12 à 15 individus.

De plus, comme le lièvre peut engendrer dès qu'il a atteint l'âge de dix mois, les levrauts reproduisent dès leur première année.

En outre, la hase, comme le lapin, reçoit le mâle dès qu'elle a mis bas. Elle peut même, étant pleine, s'accoupler encore, par suite de la disposition particulière de ses organes génitaux, ce qui produit des cas de superfétation.

Toutes ces causes réunies, expliquent la grande multiplication des lièvres, ce qui est heureux pour l'espèce, car il n'y en a pas qui ait de plus nombreux ennemis, outre les causes de mortalité.

La hase déposant, en effet, ses petits sans défense au milieu d'un champ ou d'une cépée, ils sont sans abri, exposés à toutes les intempéries des saisons et fatalement la proie de tous les braconniers à poil et à plume de la création.

Les lièvres naissent les yeux ouverts, et sont couverts de poil.

La mère a grand soin de ses levrauts. Elle les allaite pendant trois semaines, les change souvent de place et les tient séparés.

Pour les allaiter, elle les appelle en agitant ses longues oreilles, qui, frappant l'une contre l'autre, produisent un bruit presque imperceptible pour nous.

Une fois sevrés, les levrauts broutent les herbes, les racines, les feuilles, les fruits, les graines, et cela la nuit plutôt que le jour. Ils se nourrissent avec une préférence marquée, de plantes dont la sève est laiteuse.

Tout en ne s'écartant par les uns des autres, et en restant près du lieu où ils sont nés, ils vivent cependant solitairement et se font chacun un gîte à 160 ou 200 pas de distance les uns des autres.

Aussi quand un chasseur trouve un levraut, est-il sûr d'en trouver deux ou trois autres dans les environs.

Ce n'est qu'à leur dixième mois, à l'époque des amours, qu'ils se décident à quitter le canton où ils sont nés.

CHAPITRE III

CHASSE ET HABITUDES DU LIÈVRE

Si le lièvre est timide, par contre il est intelligent, et, comme il tient naturellement à sa peau, il a d'excellentes habitudes d'hygiène et sait, chaque jour, se choisir un gîte selon le temps qu'il prévoit et qu'il devine.

Aussi, a-t-on dit du lièvre qu'il est un excellent baromètre vivant.

Par malheur pour lui, ces précautions ne servent qu'à mettre sur sa trace le chasseur intelligent, qui, avant de partir pour la chasse, regarde le baromètre, voit de quel côté vient le vent, et manœuvre en conséquence.

Beaucoup de chasseurs négligent à tort de faire ces observations préalables.

Aussi qu'arrive-t-il, surtout s'ils sont bavards et s'ils ont la mauvaise habitude de crier après leur chien? C'est que le gibier, le lièvre surtout, qui, s'il ne sent pas le chasseur, l'entend, à une très grande distance, l'évite, prend ses précautions et décampe de loin.

Le chien quête en vain; ne sentant aucun fumet, il ne fait aucun arrêt et est malmené par son maitre, à moins que, plus intelligent que lui, il ne prenne sa course au loin, et ne revienne, le vent dans le nez, tombant alors quelquefois en arrêt.

Le lièvre donc, très coureur par instinct, change continuellement de canton, et décide vingt-quatre heures à l'avance l'emploi de sa journée et dans quel lieu il la passera.

En septembre, quand il fait beau, le lièvre est en plaine.

Quand il fait très chaud, il se gîte

dans les luzernes, les trèfles, les betteraves, les grandes herbes, les chaumes de blé et plus tard ceux d'avoine.

En octobre, si le temps est couvert et sombre, il faut le chercher dans les terres fraîchement labourées et les chaumes, les semailles et les grosses cultures.

Fait-il humide? Le lièvre recherche les terres élevées et saines. Pleut-il? Il gagne les côteaux pierreux, dénudés, les vieux labours, les bruyères et les bois élevés, les abords des carrières, tous endroits où son gîte ne risque pas d'être inondé.

Fait-il très sec? Il s'en va dans les vallées et les terrains plats.

Vers la fin d'octobre, à la chute des feuilles et des branches mortes, appeuré par ce bruit insolite, le lièvre quitte les bois et revient prendre son gîte sur les bordures de la plaine.

Fait-il du vent? Battez les buissons, les haies, les carrières et les revers des fossés. Vous le rencontrerez.

En novembre, les colzas lui offrent un excellent couvert.

Si la nuit a été tourmentée par la tempête, le lièvre fatigué, tient bien le gîte. Il faut alors frapper sur les buissons et les roncées et s'arrêter de temps en temps, en quêtant, pour l'obliger à partir.

Quand l'hiver arrive, et que le vent souffle du nord et de l'est, le lièvre est au bois, dans les taillis épais.

Il est inutile de chercher, en hiver, le lièvre dans les fumiers fraîchement répandus. Il n'y est pas!

Le lièvre, nous l'avons déjà dit, soigne beaucoup sa santé. Avoir chaud en hiver, frais en été, cela lui va. Aussi quand la bise devient âpre, choisit-il pour se gîter, les lieux exposés au midi, les buissons les plus épais, et si les froids s'accentuent, il quitte les lisières, les plaines exposées au vent, et s'enfonce de plus en plus dans les bois.

Le soleil, au contraire, darde-t-il ses plus chauds rayons, il se loge au nord.

Au printemps, il se relaisse dans les blés verts et dans les jeunes taillis.

A l'arrière-saison, en décembre et en janvier, le lièvre, vivement pourchassé, recherche les endroits habités, où il se croit hors des atteintes de son ennemi, et on le trouve alors dans les champs qui environnent les fermes et les maisons de campagne, dans les jardins même, au milieu des plantes potagères, et jusqu'au pied des murs. Souvent aussi, on trouve le lièvre sur le bord des étangs, le long des ruisseaux. Ce sont surtout les hases, lorsqu'elles veulent mettre bas, qui recherchent ces endroits.

Le lièvre de plaine, moins régulier dans ses allées et ses venues, ses tours et ses détours, ses routes et ses nuits, est plus difficile à trouver que celui qui se tient d'ordinaire dans les bois.

Un indice infaillible de la présence des lièvres dans les couverts est la fiente que l'on trouvera au pied d'une branche d'épine, plantée aux abords des champs. Dès la nuit qui suivra le jour de la plantation, tous les lièvres viendront y fienter.

Jadis, les colleteurs attiraient, dit-on, les lièvres, en semant des pelures de pommes, dont ces animaux sont, paraît-il, très friands. Nous n'ajoutons que peu de foi à cet on-dit, pas plus qu'à celui d'après lequel, Labruyère, devenu un bon garde, aurait emporté, en mourant, le secret d'une composition suffisante pour empoisonner, en moins de deux jours, tous les lièvres ainsi que toutes les perdrix d'un canton.

Cela est d'autant plus improbable, que les braconniers ne travaillent d'ordinaire qu'en vue du gain.

Chose curieuse ! Il y a des enclos où rarement vous trouverez un lièvre, tandis que dans d'autres, vous en trouverez toujours. Vous aurez beau en tuer, il se rencontrera constamment un nouvel animal pour remplacer le défunt !

Quelle est la cause de cette étrange préférence pour tel endroit, plutôt que pour tel autre ? Mystère, mais le fait est certain. Les lièvres sont-ils donc, comme les femmes, empressés, malgré l'expérience chèrement achetée de leurs devanciers, à courir la chance d'une cruelle destinée, et à s'exposer sans cesse aux trahisons?

Un conseil en terminant ce chapitre. Quand on chasse au bois, même avec un chien courant ou d'arrêt, il faut chercher le lièvre sur les bordures. En effet, cet animal faisant habituellement sa nuit dans les champs, rentre sous bois, d'ordinaire, pour se gîter, à l'aube.

En suivant les bordures, et pour peu que le temps soit favorable, on reconnait bientôt les rentrées et le levé de l'animal.

Lorsque survient le dégel, les lièvres pressés de se refaire de leurs longues privations, négligent toute prudence, et s'agglomèrent sur les terrains bien exposés, et qui ont subi les premiers l'action du dégel. Ils s'y cantonnent jour et nuit, et il est alors très facile de les tirer au gîte ou au déboulé.

CHAPITRE IV

INDICES DE LA PRÉSENCE DU LIÈVRE. MOYEN INFAILLIBLE DE LE DÉCOUVRIR AU GITE.

Le gîte du lièvre n'est pour lui qu'une habitation de passage. Il est rare, en effet, qu'il revienne au gîte de la veille.

Aussi s'en crée-t-il, chaque jour, un nouveau, sauf quand la gelée a trop durci la terre.

Moulé sur le corps de l'animal, le gîte du lièvre, légèrement enfoncé en terre, prend aussi le nom de *forme*.

Il n'est donc pas exact de dire que le lièvre revient mourir à son gîte. Il faut dire : A son lancer.

Quand un lièvre est au gîte, on n'aperçoit d'abord que son œil, son corps, par suite de sa couleur, se confondant avec le sol, tandis que sa prunelle brillante attire le regard.

On peut, quand on a de bons yeux, reconnaître le gîte d'un lièvre à une très grande distance. Cela arrive à l'époque des belles gelées, quand il fait un beau soleil. On peut alors, en se baissant et en regardant attentivement au ras du sol, distinguer la légère vapeur qui s'élève au-dessus du gîte.

Si l'on s'approche alors avec précaution, en décrivant autour du gîte des cercles de plus en plus rétrécis, on peut arriver à portée, et tuer le lièvre d'un simple coup de bâton.

Si l'on n'avait ni bâton, ni fusil, il suffirait, en rétrécissant les cercles, sans quitter l'animal de l'œil, de laisser tomber un objet quelconque, mouchoir ou chapeau, par exemple, assez visible toutefois, et de se retirer en zigzags, et à reculons.

PIED DROIT DE DEVANT D'UN LIÈVRE

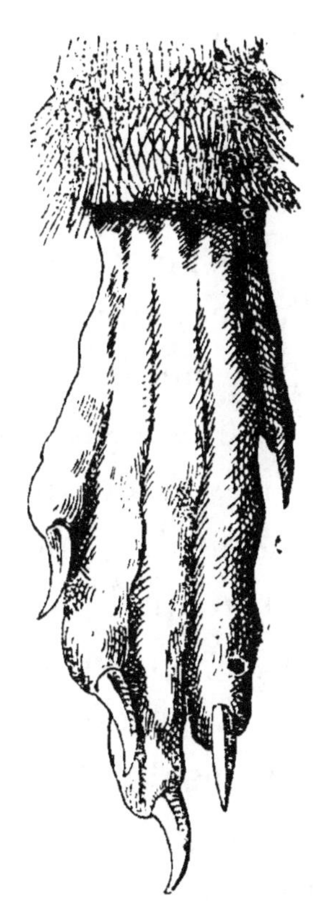

VU EN DESSOUS, VU EN DESSUS.

apres enlévement des poils qui le couvraient

Le lièvre ne perdra pas de vue l'objet tombé, et ne bougera certainement pas jusqu'au moment où vous reviendrez. Revenir alors, avant l'heure du gagnage, vous le trouverez au même endroit.

Le lièvre, dans les champs, aime à fienter auprès d'un arbre isolé, d'un piquet planté en terre.

Dans les prairies, s'il y a des buissons ou des arbustes quelconques, ou même des bornes peu élevées, ce qui arrive quelquefois à la limite des héritages, il est rare que le lièvre ne vienne pas rôder autour, et y laisser des indices irrécusables de sa présence.

En même temps, quand c'est autour des buissons, on verra de petites branches basses coupées net, le lièvre tranchant plus vivement que le lapin.

Une fois la présence du lièvre reconnue, il s'agit de suivre ses divers repaires.

Le plus abondant est celui de l'arrivée du gîte. Naturellement le lièvre, au sortir de sa forme, est pressé de se soulager, et le fait abondamment au premier repaire, qui est celui d'arrivée.

Il faut, dès le moment où on a reconnu ce repaire, avoir soin de remarquer les traces qui se dirigent vers lui, et pressant le *contre-pied*, *suivre la piste au rebours*, et non pas suivre sa direction comme font tous les chasseurs.

On est, de cette façon, certain de se diriger du côté du gîte.

Voici ce que dit Dumas, ancien garde réputé pour son habileté à trouver le lièvre au gîte :

« Une fois le contre-pied pris, suivez,
« et s'il vous conduit dans une terre cul-
« tivée, dans une vigne, dans un sentier ou

« un chemin, vous redoublez d'attention, et « si les pistes sont toujours du même côté « d'où vous venez, vous marchez bien. Si « vous rencontrez plusieurs pistes allant « du même côté, votre certitude augmente, « surtout si elles sont droites; si le lièvre « fréquente le gîte depuis quelques jours, « il y a plusieurs traces, mais toutes pa- « rallèles, droites et fort peu éloignées les « unes des autres.

« Lorsque vous rencontrez une pièce « de terre, une prairie où vous supposez « que le lièvre peut se trouver, vous quit- « tez votre piste, vous faites le tour de « l'enceinte et si la trace ne se continue « pas au delà de l'enceinte, vous êtes cer- « tain, dès lors, qu'il est dedans.

« Vous allez reprendre votre piste, tou- « jours à contre-pied, portant attentive- « ment l'œil en avant, surveillant à droite « et à gauche pour n'être pas surpris par « le départ du lièvre qui vous observe et « qui saura parfaitement choisir le moment

MARCHE DU LIÈVRE

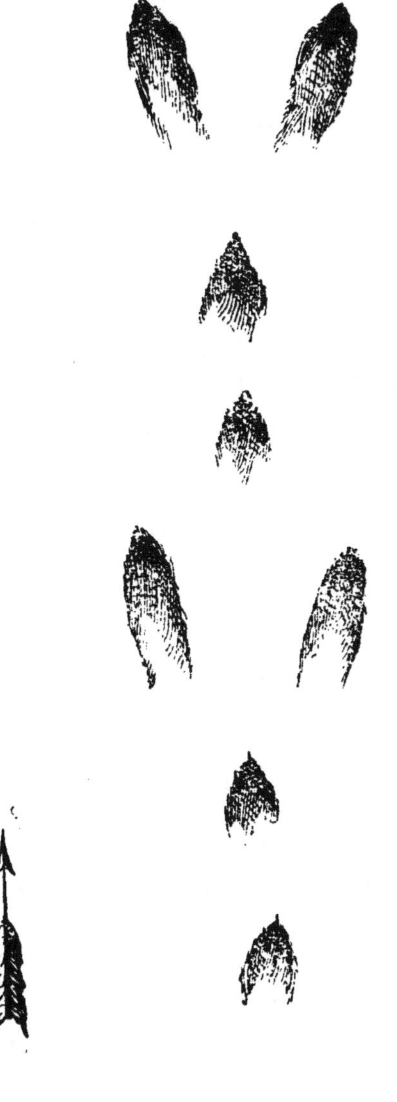

« favorable pour détaler derrière vous sans « être vu. »

L'auteur affirme, et nous sommes absolument de son avis, avoir cent fois pour une, découvert par ce moyen des lièvres abandonnés par d'autres chasseurs, qui ayant rencontré une trace, l'avaient suivie, sans se préoccuper s'il y en avait d'autres ou non, et toujours par le pied. Ils avaient été ainsi conduits en plein champ, où ils n'avaient plus rien trouvé.

Il faut donc avoir soin d'examiner, si, dans les environs d'une trace, il y en a plusieurs autres divergentes, c'est-à-dire allant dans des directions différentes.

S'il en existe, ne vous en préoccupez pas.

Si au contraire on trouve une piste bien franche, bien droite, c'est la bonne;

seulement ayez soin de la remonter à contre sens, et vous arriverez au gîte. En effet le lièvre qui quitte son gîte à l'heure, sans être effrayé, marche franchement, sans précipitation ; sa piste est donc marquée en traces profondes et est très franche, et celle-là est par conséquent la bonne.

Si le terrain est suffisamment frais, la piste du lièvre, qui revient plusieurs jours de suite au même canton et quelquefois au même gîte, si rien ne le dérange, forme alors un petit sentier, très apparent et très facile à reconnaître.

Il arrive aussi quelquefois que, forcé de changer son gîte pour une cause quelconque, le lièvre y revient, 10, 15, 20 jours même et plus, après.

Nous donnons ici dessus une gravure qui permettra au lecteur de suivre facilement les indications et d'en comprendre la portée.

Le lièvre est figuré au gîte, les lignes D sont droites, et indiquent les pistes de départ.

Quand le lièvre quitte son gîte à son heure, il suit toujours cette direction, quelquefois même fort loin jusqu'à deux kilomètres du point de départ; d'autres la suivent seulement pendant 150 à 300 mètres.

A découvert, il n'y a jamais qu'une piste de départ. C'est pour cette raison qu'il faut veiller attentivement, car on arrive alors sur le lièvre toujours en face.

Dans le fort (buisson, haie, taillis, etc.) il peut y avoir deux pistes de départ.

On peut voir aussi, au moyen de la gravure ci-dessus, que les pistes d'arrivée (ligne A) au gîte sont multiples, divergentes et enchevêtrées. Si on les suit, il y a gros à parier, qu'on n'arrivera pas au gîte, car le lièvre, qui sur-

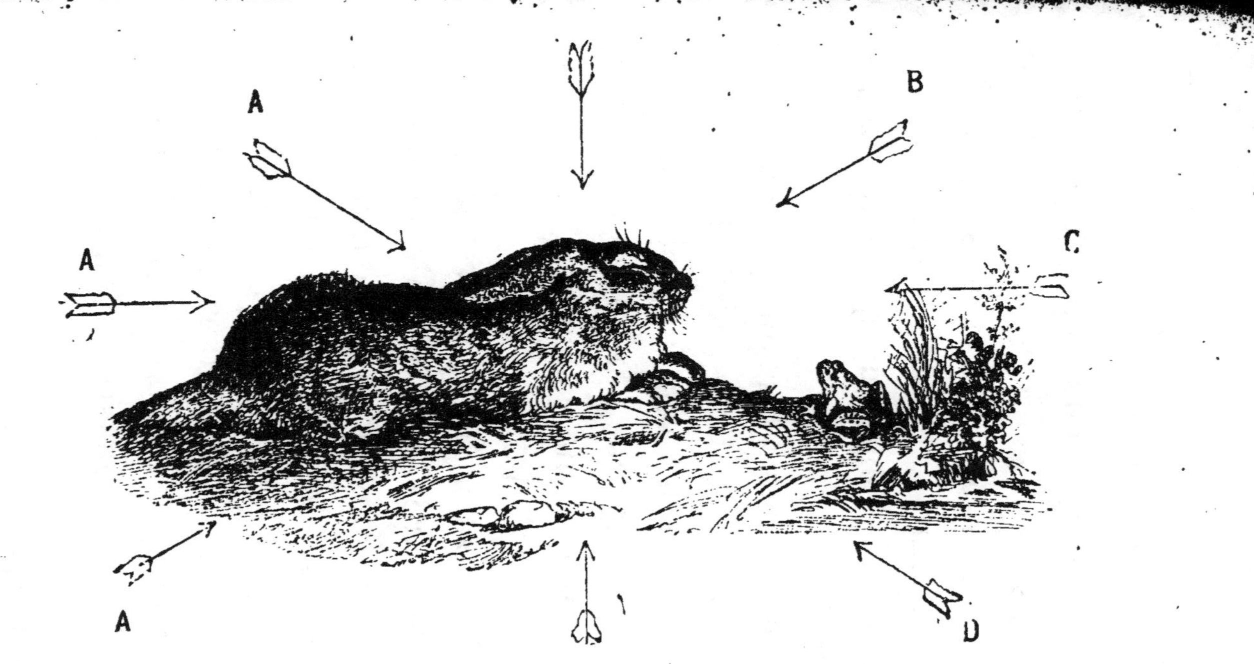
A
B
A
C
A
D

tout lorsqu'il rentre tard, à certaines saisons, peut se croire vu, multiplie les ruses, enchevêtre ses traces, ce qui les fait prendre l'une pour l'autre et embrouille le chasseur qui n'arrive jamais (1).

On peut être certain que, toutes les fois que le contre-pied de la piste de départ conduit vers un bois, une bordure quelconque, un chemin profond, un buisson, une ronceraie, etc., que le lièvre est dedans.

En recherchant alors les coulées, c'est-à-dire l'endroit par lequel il entre dans le couvert, et facilement reconnaissable aux branches coupées ou au poil laissé aux ronces, on reconnaîtra où il se trouve, et alors le faire partir à portée ou mieux encore le voir.

C'est au moment où l'on approche du

(1) Voir page 43, aux *Ruses du Lièvre*.

gîte, qu'il faut guetter le plus attentivement, de peur que l'animal se dérobe.

Quand les traces marquent bien et que tout à coup elles disparaissent, ou bien que l'on reconnaît que le lièvre a reculé ou fait un bond de côté, c'est que l'on est à proximité du gîte.

Regardez alors avec soin, et si vous avez de bon yeux, vous devez l'apercevoir.

Il arrive que la piste conduit dans un chemin profond où on ne peut le trouver que très difficilement. Dans ce cas le lièvre est caché sous une racine ou sous une souche. Chercher avec soin.

Quelquefois aussi un obstacle quelconque l'empêche d'arriver à l'endroit où il a l'intention de se gîter et alors il se détourne.

Dans ce cas, il faut chercher avec attention, car l'animal peut aussi bien sauter l'obstacle que se détourner.

Quand on sait un lièvre cantonné dans une localité et qu'on veut le découvrir, il faut aller examiner les pièces de fourrages où il peut aller faire ses nuits. Sitôt la présence du lièvre bien reconnue, il faut décrire un grand cercle à l'entour des fourrages pour reconnaitre la piste d'arrivée. Aussitôt qu'on aura découvert plusieurs pistes se dirigeant toutes vers un même endroit, il n'y a qu'à les suivre à contre-pied, pour se diriger vers le gite.

Mais, par exemple, il faut veiller attentivement, car l'animal pourrait vous laisser passer et partir à l'improviste derrière vous, surtout à découvert.

En chasse, il peut arriver que le lièvre suive un chemin et que l'on ne parvienne pas à découvrir sa trace. Il faut alors, examiner attentivement les ornières, car l'animal rusé les suit quelquefois pendant quelques instants pour dépister le chasseur.

CHAPITRE V

RUSES DU LIÈVRE

Le Verrier, dans son *École de la Chasse*, d'Houdetot, Joseph La Vallée, font dans leurs ouvrages une langue et précise description des ruses du lièvre.

Blaze n'en souffle mot, et cependant si le lièvre ne fait pas journellement usage de ruse, comme celle-ci suscite aux chiens les plus grandes difficultés, elle, n'en est pas moins digne d'être signalée.

On ne peut en vouloir au lièvre, inoffensif, de défendre sa vie et assurer son repos dans la journée. Pour cela, il embrouille ses voies à l'infini, semblant connaître à fond d'instinct, le proverbe bien connu : *Comme on fait son lit on se couche.*

Nous allons examiner les différentes ruses de l'animal.

Disons d'abord, qu'en raison des marches et contremarches du lièvre, depuis le moment où il se lève pour aller au gagnage, jusqu'à ce qu'il se gîte, et à cause de la possibilité pour le chasseur, de perdre la trace de l'animal, il faut, si l'on a un bon chien d'arrêt, calme et chassant bien le lièvre, l'emmener et le mettre sur la piste fraîche, en ayant soin qu'il ne prenne pas le contre-pied.

Il faut alors suivre prudemment le chien, en silence. Lorsque sa quête devient plus brillante et plus vigoureuse, c'est signe que l'on approche du gîte. Alors c'est le moment ou jamais de se tenir sur ses gardes, surtout si l'on n'est pas certain que le chien tienne ferme l'arrêt.

Un bon chien d'arrêt trouve le lièvre

en 35 ou 50 minutes. Un chien courant muet et tenu en laisse, met beaucoup moins de temps.

Il faut laisser au chien toute sa liberté d'action, ne pas le presser inutilement quand il est sur une trace, et, autant que possible, ne pas chasser à mauvais vent et ne pas faire retentir la plaine de cris ou de coups de sifflets.

Pour que le lecteur puisse se rendre un compte exact de la ruse du lièvre, nous donnons ici une gravure, à l'aide de laquelle il pourra suivre les explications que donnent à ce sujet Le Verrier dans son *École de la Chasse aux chiens courants*, et Joseph La Vallée, explications que nous reproduisons fidèlement :

Voici ce que dit Le Verrier, dont nous élucidons un peu le texte :

« Le lièvre à sa sortie du gagnage, tire

« d'abord droit ses voies, puis il dessine
« d'endroits en endroits, quelques lignes
« courbes qui ne causent que de très pe-
« tits embarras à démêler seul avec un
« chien.

« Mais lorsqu'il se sent bien ressuyé et
« qu'il voit l'heure et le moment de se
« gîter, alors il gagne un chemin et le
« suit jusqu'au premier carrefour.

« Si ce carrefour est composé de trois
« ou quatre autres chemins, il va et vient
« dans tous, puis sort du dernier où il
« se trouve, pour entrer dans le champ
« voisin, où il fait mille allées et venues.

« Après quoi il rentre dans le même
« chemin par la même brèche, et il re-
« tourne à son carrefour. Arrivé là, il
« revient sur les voies qu'il a formées
« depuis son *ressui* jusqu'au milieu de
« celles du premier chemin qu'il a pris
« sitôt ressuyé.

» Là, il s'arrête à réfléchir un instant,
« puis d'un bond, sautant par-dessus une

RUSE DU CARREFOUR.

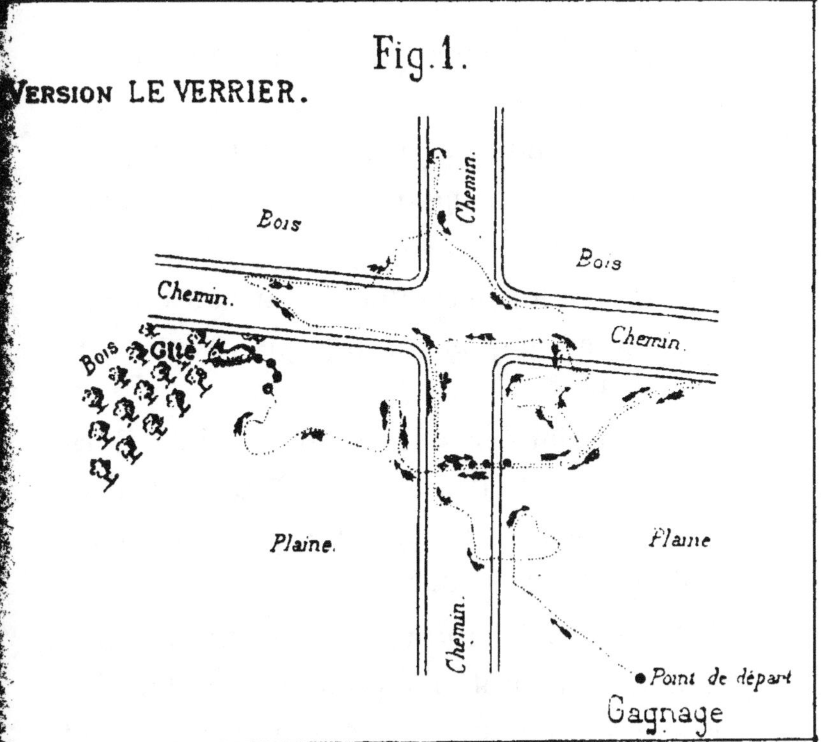

« haie en bordure d'un champ, il traverse
« celui-ci en droite ligne jusqu'au bois ou
« jusqu'au fossé, s'il y en a un, à l'autre
« bout de ce champ.

« Il n'y demeure pas, mais revient sur
« ses voies jusqu'au chemin du carrefour,
« chemin qu'il abandonne enfin, en pas-
« sant du côté opposé à celui du champ
« et de la haie.

« Il va alors se gîter en un lieu conve-
« nable au temps qu'il a prévu pour ce
« jour-là.

« Il ne faut pas croire qu'il aille alors
« se gîter en droite ligne. Au contraire,
« il en forme une infinité qui se confon-
« dent d'une étrange manière,

« Arrivé à cinquante pas environ du
« lieu qu'il a choisi pour gîte, il fait des
« sauts étonnants à droite et à gauche, et
« finalement il s'élance dedans. »

La Vallée s'exprime en des termes à peu près identiques, quant au fond :

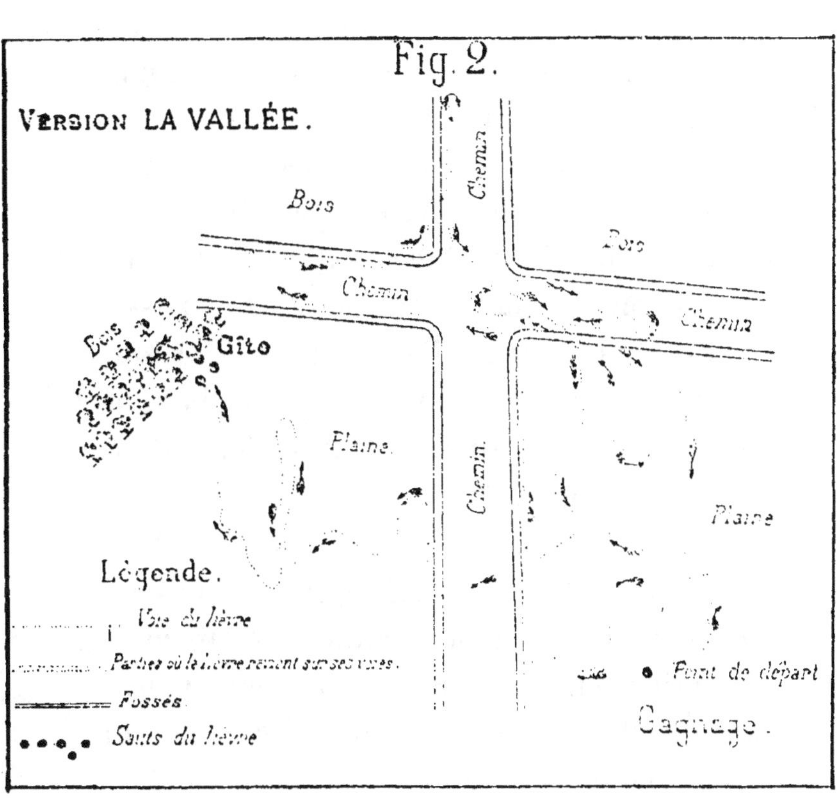
Fig. 2.
VERSION LA VALLÉE.
Bois
Chemin
Bois
Chemin
Chemin
Gîte
Bois
Plaine.
Chemin
Plaine
Légende.
Voie du lièvre
Parties où le lièvre revient sur ses voies.
Fossés.
Sauts du lièvre
Point de départ
Gagnage.

Voici comment il décrit les voies de l'animal :

« Le lièvre pose rarement son gîte près
« de l'endroit où il a fait sa nuit. Il gagne
« la voûte, le sentier le plus voisin, non
« en ligne droite, mais en décrivant plu-
« sieurs arcs de cercle. Il longe ensuite
« le chemin jusqu'à ce qu'il ait trouvé un
« endroit propice pour faire ses ruses.
« Le plus souvent, il choisit un carrefour
« et va et revient dans tous les chemins
« qui s'y croisent, puis, il se jette dans
« la campagne, fait cent détours, de ma-
« nière à mêler ses voies, comme l'éche-
« veau le plus embrouillé, revient au car-
« refour par la même coulée, retourne en
« arrière en doublant ses propres voies ;
« puis il s'arrête, d'un bond, se jette sur
« le côté, et va établir son gîte, dans l'en-
« droit qui, suivant le temps, lui semble
« le plus approprié. Par la pluie il cher-
« che les lieux secs, les lieux frais quand
« il fait sec, les endroits couverts quand

« le soleil est ardent, et ceux à l'abri du « vent, lorsque la bise souffle. »

Ce n'est pas une petite affaire pour le chasseur ainsi que pour les chiens, de débrouiller cette fusée et d'arriver jusqu'au dernier saut.

Quant au lièvre, n'allez pas vous imaginer qu'il s'effraiera et partira en voyant les chiens tout près de lui ! Loin de là, il s'enfonce dans son gîte, fixant toute son attention sur les mouvements de ceux qui le cherchent, piqueur et chiens.

S'il les voit occupés à prendre des devants pour redresser sa voie, et assez loin pour qu'ils ne puissent l'apercevoir dans la fuite qu'il médite, il sort de son gîte les oreilles basses, et s'en retourne par où il était venu. Il enfile ensuite le premier chemin qu'il trouve, passe de celui-là dans un autre, où il fait ruse sur ruse. Après quoi, il se forlonge, en ayant soin de se donner le vent, afin de ne pas se laisser surprendre, et d'être à portée de se rendre compte de la façon dont les chiens qui, ainsi qu'il l'a bien jugé, auront trouvé sa voie en closant leurs issues, la maintiendront et le chasseront.

Si les chiens chassent mollement et qu'il les entende presque aussitôt tomber en un défaut de longue durée, il ne les craint plus dès ce moment.

Le lièvre alors considère le pays, et s'en va, toujours rasant, s'établir dans un nouveau gîte.

Si au contraire, les chiens le rapprochent et parviennent à le relancer, il redouble de ruses pour essayer de s'en défaire.

« Tout chasseur, dit Le Verrier, avec « raison, qui veut bien apprendre à de-

« mêler les ruses que fait un vieux lièvre « allant à son gîte, doit profiter du temps « où la terre est couverte de neige, pour « le suivre à l'étrac. »

Voici ce qu'il dit de quelques ruses de certains lièvres :

« J'ai vu un lièvre, au bout d'une heure « de chasse longer une grande route plus « de cinq cents pas, revenir sur lui jusqu'à « une chapelle qui était sur le bord de cette « route, et se jeter dedans par une petite « fenêtre.

« J'ai vu un lièvre passer et repasser « deux fois la Vire, qui est une des plus « considérables rivières de Normandie, et « s'y laisser entraîner au fil de l'eau jus- « qu'à une petite île qui était au milieu, et « dans laquelle il se remettait. »

Mais que dire de ce vieux lièvre fort, vigoureux, qui au bout de deux heures de chasse donnait le change d'un autre lièvre, qu'il forçait de sortir de son gîte à coups de patte ? Après quoi il faisait un *ourvari* de plus de cent pas et se jetait de côté sur le ventre.

Le Verrier, qui raconte le fait, prétend qu'il n'a vu cela qu'une seule fois, en quarante-deux ans de chasse.

Voici par quel hasard il découvrit le fait. Un de ses étriers ayant cassé, il descendit de cheval pour le raccommoder et laissa passer la chasse ; pendant un temps assez considérable il resta en arrière. Au moment où il se disposait à rejoindre la chasse, il aperçut le lièvre qui revenait dans son canton. S'arrêtant court, Le Verrier se cacha derrière un pommier pour observer, et vit le lièvre faire ce que nous venons de raconter plus haut. Ayant suivi le change de vue, jusqu'à une certaine distance, et s'étant assuré de l'endroit où le lièvre de meute s'était relaissé, il courut au-devant de la chasse prévenir son piqueur et ses camarades de ce qu'il venait de voir.

Le lièvre aussitôt relancé fut pris au bout d'une fuite de trois lieues, ayant déjà été, grâce à son change, manqué deux fois à la nuit.

Un autre lièvre se retirait constamment tous les matins dans un petit bois. Au premier coup de gorge que donnaient les chiens à sa rentrée, il se levait du gîte, et après une demi-randonnée faite dans le bois, enfilait un chemin d'exploitation, passait de ce chemin à un autre, toujours par un sentier sans herbe et bien battu.

Ce lièvre connaissait tous les chemins, ravins, sentiers du pays, et ne les quittait pas un seul instant.

« Je ne vins à bout de le prendre à ma
« septième chasse, dit Le Verrier, qui ra-

« conte le fait, que parce que je fis garder « les chemins. Des lièvres aussi rusés ne « se peuvent prendre que quand la chasse « est pleine et la terre bonne. »

Il y a des lièvres qui, se sentant sur leurs fins, sautent sur de vieux murs et s'y relaissent.

D'autres entrent dans des maisons inhabitées. D'autres encore se mêlent à des troupeaux de moutons, s'enfuient de compagnie avec eux, ou laissant fuir les moutons au bruit des chiens, demeurent relaissés.

CHAPITRE VI

L'AFFUT DU LIÈVRE.

Nous allons emprunter au commandant Garnier, chasseur aussi habile qu'écrivain élégant, quelques renseignements des plus intéressants au sujet de l'affût du lièvre. Le commandant Garnier est un auteur des plus précieux à consulter, et nous ne saurions assez recommander aux chasseurs la lecture de ses écrits sur la matière.

Le lièvre se chasse aussi à l'affût, et cette chasse est loin d'être la moins productive.

Pour chasser à l'affût, on peut se placer le soir et le matin sur la lisière du bois du côté de la plaine, en établissant, comme le font beaucoup d'affûteurs, une sorte d'abri, de poste destiné à dissimuler leur présence dans les carrefours. Ces abris, d'ordinaire, sont construits au moyen de branches d'arbres, dans lesquelles on ménage des ouvertures ou embrasures pour la facilité du tir.

Pour siège des ramées ou de l'herbe sèche.

Au printemps, on doit se poster à portée des blés verts, surtout lorsqu'ils sont isolés ou entrecoupés de bois.

En été, les lièvres se gîtent, pendant le jour, dans les blés, alors grands. Ils quittent les blés pour aller faire leur nuit dans les avoines, les orges, les pois, qui sont plus tendres.

Il faut les attendre à l'affût au bord de ces derniers champs.

Les heures de l'affût soir et matin sont déterminées pour chaque saison, d'une manière très précise, par ce fait que le lièvre ne va au gagnage que du coucher du soleil à la nuit, et ne rentre au bois que de l'aube du jour au lever du soleil.

Il faut avoir soin de se placer sous le vent, car le lièvre, qui a plus de nez qu'on ne le croit généralement, éventerait l'affûteur. On attend alors immobile et en silence qu'un lièvre passe à portée de fusil.

Si un lièvre rentre ou sort trop loin, il faut remarquer l'endroit et venir s'y poster le lendemain. Cet animal, suivant toujours le même chemin, la réussite est à peu près certaine.

Un moyen de se bien poster, consiste à longer le soir, à la nuit tombante, la lisière du bois avec un chien d'arrêt tenu en laisse.

Lorsque le chien rencontre la voie d'un animal sorti, on fait une brisée et le lendemain, avant le jour, on vient attendre le lièvre à sa rentrée.

On fera de même, le matin, après le soleil levé, pour venir guetter le soir, à la sortie du bois.

Pendant les longues nuits, les lièvres sortent du couvert à nuit close et y rentrent avant le jour. L'affût ne peut donc avoir lieu que de fin avril au 15 septembre.

Toutefois, comme ils sont en mouvement toute la nuit, on peut, par un beau clair de lune, en tirer quelques-uns, en se plaçant à l'affût près d'une clairière à laquelle aboutissent plusieurs sentiers, ou à un carrefour formé par un croisement de chemins. On peut ainsi chasser en tout temps, mais en hiver, c'est très pénible à cause du froid.

Il arrive que beaucoup de lièvres vont faire leur nuit dans le même canton, rentrant dans le bois à peu près sur le même point.

Dans ce cas on peut aller à l'affût, plusieurs chasseurs ensemble. On a soin alors de reconnaître pendant le jour, les endroits convenables pour le placement des tireurs, calculant la distance de l'un à l'autre et préparant le nombre nécessaire de fortes ficelles garnies de plumes blanches pour intercepter les intervalles des coulées.

A l'heure de l'affût, on tend ces ficelles d'un poste à l'autre, en silence absolu, et en soutenant les ficelles tous les quinze pas par des piquets fourchus, d'un mètre de haut et de la grosseur du petit doigt.

Un intervalle de trente à quarante pas est laissé à chaque poste.

Au jour, les lièvres et parfois même des renards, viennent pour rentrer au bois. Effrayés par les plumes, ils longent les cordes pour trouver un passage et rentrent par les trouées où les attendent les tireurs.

Pour cette chasse, il faut être rendu à l'affût avant le jour.

Ce n'est que par la pratique que l'on arrive à connaître les ruses du lièvre, qui varient à l'infini.

Comme nous l'avons dit précédemment, un des moyens les plus utiles pour s'instruire, consiste à aller le matin, se promener, quand il est tombé une bonne neige l'avant-veille au soir. On peut alors suivre le lièvre à l'étrac et apprendre à déjouer toutes ses ruses.

CHAPITRE VII

DES ENNEMIS DU LIÈVRE.

Le lièvre est certainement né sous une mauvaise étoile. Partout il a des ennemis, sur la terre, dans l'air, au bois comme dans la plaine. Aussi est-il peu d'animaux plus malheureux que lui, obligé d'être, sans cesse sur le qui-vive.

Il est donc de notre intérêt de le protéger et de lui venir en aide, si nous voulons le conserver pour nos plaisirs, et pour cela il faut connaître ses ennemis les plus redoutables.

Après l'homme, il faut placer au premier rang des ennemis du lièvre, le chien errant, celui du laboureur ou du charretier, accompagnant son maître aux champs.

Ce chien chasse continuellement. Il va, vient, cherche, quête dans les buissons, dans les couverts, dans les sillons, partout enfin. Que de levrauts, déposés, sur le sol, sans défense, par la hase, n'étrangle-t-il pas !

Après le chien, le chat devenu sauvage, est pour le lièvre, un ennemi aussi dangereux.

Messire renard a une bien mauvaise réputation, plus mauvaise cependant qu'il ne le mérite.

Il faut reconnaître qu'il nous rend des services incontestables en vivant presque exclusivement de mulots, de souris, et même de hannetons.

Par exemple, il faut aussi avouer qu'il fait un mal considérable au gibier, au moment où il élève sa famille.

Le renard tue moins de lièvres qu'on ne le croit généralement, sans cela il n'en resterait plus en France pour faire un civet. Pour preuve de ce que nous avançons, nous citerons l'exemple de l'Angleterre, où le renard est protégé pour être chassé à courre, et où il y a au moins autant de gibier qu'en France.

La fouine, le putois, la marte, la belette et l'hermine sont redoutables pour les lièvres. Aussi ne saurait-on assez détruire ces malfaisants animaux, surtout la belette et l'hermine, qui, au contraire des autres, vivant plus dans les bois que dans les champs, se rencontrent partout, aussi bien dans les blés que dans les taillis.

Le loup et le lynx sont heureusement devenus très rares, car c'étaient des ennemis redoutables pour le lièvre.

Le blaireau et le hérisson font au lièvre une guerre acharnée, et sont des carnassiers bons à détruire.

De la Rue raconte qu'un blaireau privé lui dévora un levraut, et qu'il surprit en flagrant délit, un hérisson étranglant ses poulets pour les manger.

Le sanglier et le rat sont aussi à craindre pour le lièvre, qui outre la douzaine de mammifères acharnés à sa perte, a encore à redouter du côté de la gent volatile, une seconde douzaine d'ennemis constamment disposés à lui nuire et à l'empêcher d'élever tranquillement sa famille.

Voici par ordre de puissance destructive, quels sont ces animaux :

1° Le faucon pèlerin ; 2° l'autour ; 3 le milan royal ; 4° le grand duc ; 5° l'aigle ; 6° les buses ; 7° les hiboux; 8° l'épervier ; 9° l'émerillon ; 10° le hobereau ; 11° le corbeau ; 12° la pie.

L'épervier, l'émerillon et le hobereau ne font de mal qu'en cas d'urgence, pour les besoins de leur famille, et par une famine extrême, en temps de neige.

Le corbeau et la pie, non seulement crèvent les yeux des très jeunes levrauts et leur mangent la tête, mais encore par leur bavardage et par leurs cris, ils attirent l'attention des oiseaux de haut vol qui tombent des nues, comme un trait, sur les victimes qui leur sont ainsi signalées.

Si l'on joint à cette horde d'ennemis fourrés et empanachés : le braconnier, son fusil, ses collets, le chien courant, le chien d'arrêt, les rabatteurs, les meutes, les jambes du cheval, et la trompe du veneur, on peut juger si l'existence du lièvre est enviable !

Aussi avons-nous tout intérêt à faire une guerre acharnée à tous ces pillards et assassins qui vivent aux dépens de nos plaisirs et de notre cuisine.

Contre eux, multiplions les pièges, les traquenards, les assommoirs ! Empoisonnons-les, enfumons-les ! Allons les chercher jusqu'au fond de leurs repaires !

Appelons-les ! faisons-les venir à l'affût ; prenons-les dans des filets, et employons contre eux le fer, le plomb et le feu.

Voici une statistique des animaux nuisibles détruits en une seule année, dans les forêts de l'ancienne liste civile.

Renards....	949	Belettes	5.127
Fouines	488	Bures........	713
Putois......	573	Oiseaux de haut vol	1.489
Chiens errants	261	Oiseaux de nuit..	1.737
Chats	1.170	Pies.........	3.744
		Corbeaux	3.206

Au total : 19.487.

En admettant que ces carnassiers n'aient mangé qu'un lièvre tout les deux mois, cela donne 116.922 lièvres mangés sur 66.592 hectares de forêts.

Que serait-ce si on comptait le nombre de lièvres détruits en plaine !!

Et quand cette destruction atteint les hases! Que de lièvres, non seulement détruits, mais perdus, car on peut compter que, pour une hase prise en février, avril, juin ou août, c'est *dix* lièvres de moins pour une année.

Un lièvre vivant de 7 à 8 ans, c'est donc 70 à 80 lièvres perdus pour une seule *hase* détruite.

En présence d'un résultat pareil, nous ne saurions trop insister auprès de l'Administration des Forêts pour la surveillance, au point de vue de la propagation d'un gibier qui fait le charme de nos bois, sans nuire en *rien* aux récoltes qui les avoisinent.

FIN

TABLE

Paris, Imp. L. Guérin et Cie, 26, rue des Petits-Carreaux.

www.ingramcontent.com/pod-product-compliance
Lightning Source LLC
LaVergne TN
LVHW020043170826
845678LV00001B/395

* 9 7 8 2 3 2 9 6 9 4 6 0 3 *